Max Brauer

Das New Great Game in Zentralasien

GRIN Verlag

Bibliografische Information der Deutschen Nationalbibliothek:

Die Deutsche Bibliothek verzeichnet diese Publikation in der Deutschen National-
bibliografie; detaillierte bibliografische Daten sind im Internet über http://dnb.d-
nb.de/ abrufbar.

Impressum:

Copyright © 2012 GRIN Verlag GmbH
Druck und Bindung: Books on Demand GmbH, Norderstedt Germany
ISBN: 978-3-656-40600-6

Dieses Buch bei GRIN:

http://www.grin.com/de/e-book/211718/das-new-great-game-in-zentralasien

Universität zu Köln

Geographisches Institut

MS Zentralasien

Thema:

Reichtum an Bodenschätzen –

Das neue *great game* in Zentralasien?

Chance oder Risiko für die Region?

Max Brauer

Inhaltsverzeichnis

1. Einleitung

"Eurasien ist das Schachbrett, auf dem der Kampf um globale Vorherrschaft auch in Zukunft ausgetragen wird." Bereits mit diesem Zitat des polnisch-amerikanischen Politikwissenschaftlers Zbigniew Brzeziński aus seinem Buch *The Grand Chessboard: American Primacy and Its Geostrategic Imperatives* aus dem Jahr 1998 wird deutlich, welche enorme Bedeutung der eurasischen Region und insbesondere Zentralasien beigemessen wird.

Ziel dieser Arbeit ist es, einen Überblick über das sogenannte *new great game*, welches sich nach dem Ende der Sowjetunion in Zentralasien entwickelt hat, zu geben. Hierfür ist es von großer Bedeutung, die Hintergründe und Entwicklungen dieses „neuen großen Spiels" zu verstehen.

Was war das „alte große Spiel"? Wie ist es zu dem „neuen großen Spiel" gekommen? Welchen Einfluss haben die Bodenschätze in Zentralasien und welche Akteure sind in der Region mit welchen Intentionen involviert? Welche unmittelbaren Auswirkungen hat das „neue große Spiel" auf die Region und ihre Staaten? Ist das „große Spiel" eine Chance für die Region oder eher ein Risiko? All diese Fragen werden im Laufe der Arbeit erläutert und versucht zu beantworten.

Zunächst sollte erklärt werden, was das „alte" *great game* war und wieso man heutzutage vom *new great game* spricht.

2. Vom *great game* zum *new great game*

Der Begriff *great game* bezieht sich auf einen Konflikt aus dem 19. Jahrhundert, der sich zwischen dem russischen Reich und Großbritannien ereignete. Die Bezeichnung *great game* wird vor allem Arthur Conolly, einem britischen Geheimdienstoffizier, der von 1835-1840 in Mittelasien seinen Dienst leistete, attribuiert. (Kurečic 2010: 22) Beim *great game* zwischen Russland und Großbritannien ging es um die Vorherrschaft in Zentralasien. Der britische Diplomat und Historiker Fraser-Tytler vertrat den Standpunkt, das „große Spiel" habe mit der Legitimierung der East India Company als Handelsmonopolist in Indien im Jahr 1599 begonnen und erst knapp 350 Jahre später mit dem vollständigen Abzug britischer Kolonialverwaltung und der gleichzeitig gewährten Unabhängigkeit von Indien und Pakistan im Jahr 1946 geendet. (Kreutzmann 2002) Großbritannien hatte damit die Vorherrschaft in Indien, welches zu diesem Zeitpunkt aufgrund seiner Reichtümer ein sehr begehrtes Land war, an sich gerissen und wollte seine Macht auf keinen Fall wieder verlieren. Essenz des *great game* war also die Sicherung der britischen Vormachtstellung. Da Großbritannien eine herausragende Seemacht war, galten die indischen Küsten unter britischer Herrschaft weitestgehend als abgesichert vor feindlichen Übergriffen. Gefahr drohte überwiegend von der Landseite, im Speziellen aus Zentralasien. (Grewlich 2010: 9ff) Zentralasien nahm schon zu dieser Zeit eine geostrategische Schlüsselposition ein. (Abilov 2010: 32) Dies allein erklärt jedoch noch nicht den Begriff *great game*. Es ist die Geschichte junger britischer und russischer Offiziere, die als Pferdehändler, buddhistische Bettelmönche und muslimische Pilger verkleidet, geheime Pässe kartographierten, Geländekenntnisse zusammentrugen und auf diese Weise versuchten Großbritannien bzw. Russland entscheidende Vorteile zu verschaffen. Sie waren die „Spieler" im „großen Spiel" und einige von ihnen wurden berühmt. Viele mehr jedoch kamen aus den Einsätzen nicht wieder zurück. (Grewlich 2010: 9ff) Durch diese tapferen „Spieler" entstand der Begriff *great game*.

Das *new great game* begann mit dem Ende der Sowjetunion 1991, als in Zentralasien mit Kasachstan, Turkmenistan, Kirgistan, Usbekistan und Tadschikistan fünf souveräne Staaten entstanden. Anders als im historischen Konflikt zwischen Großbritannien und Russland traten inzwischen nicht mehr nur die Staaten als Interessensgruppen innerhalb des Machtstreits auf, sondern auch nicht-staatliche Organisationen wie zum Beispiel internationale Großkonzerne, die sich im Wettkampf um die Energiereserven des kaspischen Raums befinden. (Altuglu 2006: 52) Zudem sind die zentralasiatischen Staaten, welche zur Zeit des *great game* nur „Spielfiguren" der großen Mächte Großbritannien und Russland waren, nun selbst zu „Spielern" erwachsen, die ihre eigene Vorstellung vom Ausgang des *new great game* haben. Sie sind darauf bedacht, dass keiner der beteiligten Akteure alleine zu viel Macht gewinnt und dass sie selber eine größere wirtschaftliche Bedeutung erlangen. (Grewlich 2010: 16) Mit den Anschlägen vom 11. September 2001 rückte Zentralasien in den Fokus der Sicherheitspolitik vieler Staaten. Besonders der Westen mit den USA und Europa versucht seitdem verstärkt die Region Zentralasiens weiter zu demokratisieren, um die Rückzugsmöglichkeiten für Terroristen zu verkleinern.

Noch bedeutender sind jedoch die enormen Rohstoffvorkommen in Zentralasien für die beteiligten Akteure des *new great games*. Auf diesen Punkt wird im nächsten Teil der Arbeit eingegangen.

3. Bodenschätze in Zentralasien

Zentralasien verfügt über gewaltige Rohstoffvorkommen. Sowohl Erdöl als auch Erdgas sind in reichlicher Menge vorhanden. Auch die Wassermengen in einigen Regionen bieten beeindruckendes Potential zur Energiegewinnung. Zur Zeit der Sowjetunion blieb die Förderung von Erdöl und Erdgas deutlich unter ihren Möglichkeiten. Das ist dadurch zu erklären, dass die UdSSR aus politischen Gründen den westsibirischen Energiereserven den Vorzug gegeben hatte. (Westphal 2007: 463) Nach dem Zerfall der Sowjetunion gab es einen regelrechten Wettlauf um die bekannten Öl- und Gasreserven in Zentralasien. Aus rohstoffwissenschaftlicher Perspektive ist es sinnvoll, zu dem Begriff Zentralasien nicht nur die fünf postsowjetischen Staaten zu zählen. Denn gerade im Kaspi-Raum, welcher neben den zentralasiatischen Staaten Kasachstan, Usbekistan, Turkmenistan, Kirgistan und Tadschikistan auch Aserbaidschan und die unmittelbar an das kaspische Meer grenzende russischen Republiken Dagestan und Kalmükien sowie das Gebiet Astrachan beinhaltet, lagern große Vorkommen der Energierohstoffe Erdöl und Erdgas. (Rempel et al. 2007: 433ff) In welchem Umfang sie vorhanden sind und welche Möglichkeiten und Probleme daraus resultieren, wird im nächsten Teil der Arbeit erläutert.

3.1 Erdöl

Ohne Erdöl ist unsere heutige Industriegesellschaft nicht mehr vorstellbar. Es handelt sich dabei jedoch um einen endlichen Rohstoff, der zunehmend knapper wird. Gerade das zentralasiatische Erdöl ist deshalb nach dem Ende der Sowjetunion für viele globale Spieler interessant geworden. Auch wenn rein quantitativ die Erdölvorkommen in Zentralasien im Vergleich nicht überragen und in etwa nur vier Prozent (Stand Ende 2006) der Weltreserven betragen, so stellen sie dennoch bedeutende Reserven und Ressourcen dar. Denn im Vergleich zu beispielsweise Europa verfügen die zentralasiatischen Staaten über mehr als das Dreifache an Ölreserven. Der größte Teil (ca. 76%) der weltweiten Erdölreserven entfällt auf die

OPEC[1]-Länder, die dadurch eine sehr große Macht auf die Gestaltung des Erdölpreises haben. (Rempel et al. 2007: 436ff) Das zentralasiatische Erdöl ist wichtig, um den Preiserhöhungen auf dem Weltmarkt entgegen wirken zu können.

Neben den USA (Pennsylvania), Rumänien, Polen und Deutschland zählt die zentralasiatische Region zu den ältesten Erdölregionen der Welt. Bereits Mitte des 19. Jahrhunderts wurde in Aserbaidschan Erdöl gefördert und an der Wende zum 20. Jahrhundert war es sogar weltweit führend bei der Erdölförderung. Auch Kasachstan kann auf eine über hundertjährige Erfahrung in der Erdölförderung zurückschauen und hatte in den 1970er Jahren die höchsten Erträge, bevor es zum Zerfall der Sowjetunion kam. Nach der Auflösung der UdSSR ging die Gesamtfördermenge in Zentralasien zunächst stark zurück, um dann in den 1990er Jahren kontinuierlich und sehr stark anzusteigen. Diese Entwicklung ist damit zu erklären, dass es durch die Unabhängigkeit der zentralasiatischen Staaten, für internationale Konzerne möglich wurde, Verträge zur Ölförderung mit diesen Staaten zu unterzeichnen und die Erschließung neuer Erdölfelder voran zu treiben. Besonders die Erschließung des Tengis-Felds in Kasachstan und der Feldergruppe Aseri-Tschirag-Guneschli in Aserbeidschan sind dabei als die wichtigsten zu nennen. Laut den Prognosen für die nächsten Jahre ist mit einem weiteren Anstieg der Erdölförderung zu rechnen. (Rempel et al. 2007: 438ff) Dieser Anstieg ist dadurch bedingt, dass weltweit immer mehr Erdöl benötigt wird und die Konsumenten nicht nur von der OPEC abhängig sein wollen. Besonders China ist an der erhöhten Nachfrage und der damit verbundenen Verengung der globalen Energiemärkte verantwortlich. Allein China ist für fast die Hälfte der weltweiten Steigerung der Nachfrage verantwortlich. (Westphal 2007: 464ff) Ein Problem der Erdölförderung in Zentralasien ist der Transport des Öls zu den Importeuren. Denn die Haupabnehmer von Erdöl zur heutigen Zeit sind die USA, Europa, China und Japan. Dorthin muss der Rohstoff transportiert werden können. Zentralasien ist eine sogenannte *landlocked* Region, grenzt also an kein großes Meer und alle transportfähigen Flüsse münden in inländische Seen. Deswegen ist die günstigste Transportart, die über das Wasser, quasi nicht vorhanden. Der Transport über Land per Tankwagen bietet keine ökonomisch vertretbare Alternative, deswegen gab und gibt es zahlreiche Pipeline Projekte, mittels derer das Öl vom Förderungsort zum Konsumenten transportiert werden soll.

---

[1] OPEC: Organization of the Petroleum Exporting Countries

Via Pipeline müssen jedoch große Distanzen zurück gelegt werden, von denen lange Streckenteile durch andauernde und vorübergehende Konfliktherde in der Region um Zentralasien führen, deswegen ist es von oberster Priorität, sichere und ökonomisch sinnvolle Routen für die Pipelines zu finden, die dieses Problem umgehen. (Altuglu 2006: 54)

3.2 Erdgas

Genauso wichtig wie das Erdöl ist auch das Erdgas für die heutige Weltbevölkerung. Auch dabei handelt es sich um einen endlichen Rohstoff, der eine immer höher steigende Nachfrage decken muss. Erdgas ist im zentralasiatischen Raum reichlich vorhanden und nach dem Ende der Sowjetunion begann auch hier ein wahres Rennen um die Erdgasreserven. Besonders Turkmenistan, Kasachstan, Usbekistan und Aserbaidschan sind aufgrund ihrer Erdgasvorkommen bedeutend. Etwa sechs Prozent (Stand 2006) der Weltreserven lagern hier, was ungefähr dem Doppelten der europäischen Reserven entspricht. Genauso wie beim Erdöl, scheint dies zunächst relativ gering. Bei den weltweiten Erdgasreserven entfällt wiederum der größte Teil auf die OPEC-Länder mit ca. 49%, gefolgt von Russland mit ca. 25 %. (Rempel et al. 2007: 436ff) Besonders Europa sieht das zentralasiatische Gas als enorm wichtig an, da man dort nicht ausschließlich von den OPEC-Ländern und Russland hinsichtlich der Gaslieferungen abhängig sein will.

Mitte der 1960er Jahre begann mit der Erschließung des Gasli-Feldes in Usbekistan ein rasanter Aufstieg in der Erdgasförderung, in den 1970er Jahren folgte Turkmenistan, welches seine Erdgasförderung bis 1989 maximierte und den 3. Rang in der Weltförderung erreichte. Mit dem Zerfall der Sowjetunion kam es auch hier zu einem Einbruch in der Fördermenge. Besonders Turkmenistans Erträge gingen drastisch zurück. Mitte der 1990er Jahre stieg die Gesamtfördermenge in Zentralasien erneut an und überholt die damaligen Maximalwerte heute bereits deutlich. Auch die Prognose zur Erdgasförderung ähnelt der des Erdöls, denn für die nächsten Jahre ist ebenfalls ein erheblicher Anstieg prognostiziert. Die Erschließung von neuen Erdgas Feldern und sogenannten „Supergiants“[2] sind hierfür von Bedeutung. Dies betrifft das Karat-schaganak-Feld in Kasachstan, das Feld Schah Denis in Aserbaidschan und auch das, erst Mitte der 2000er Jahre entdeckte,

---

[2] Größte natürliche Gasfelder

Erdgasfeld Südjolotan im Osten Turkmenistans, das Potential als eines der „Supergiants" bietet. (Rempel et al. 2007: 439ff)

Da die zentralasiatischen Länder im Gesamten nur circa die Hälfte des geförderten Gases selbst verbrauchen, kommt auch hier dem Export eine entscheidende Bedeutung zu. Der größte Teil der Exporte geht in andere Länder der GUS[3], besonders nach Russland und in die Ukraine. Erst mit Aufnahme der Erdgaslieferungen aus dem aserbaidschanischen Schah-Denis-Feld (2006) wurde Gas nach Europa geliefert. Dies stellt bisher nur einen sehr geringen Anteil an den Gasexporten insgesamt dar. Allerdings steigt die Nachfrage nach zentralasiatischem Erdgas stetig und es entwickelt sich harter Wettbewerb um den Rohstoff aus dieser Region. (Rempel et al. 2007: 440) Um das Gas nach Europa oder auch nach China zu transportieren, sind jedoch neue Pipelines von Nöten.

3.3 Wasser

„Das lateinische Wort „Rivus" bedeutet „fließendes Gewässer. „Rivalis" ist der Mitnutzer am Bach oder Fluss. Der Rivale kann zum „Wasserneider" und somit zum Feind werden. Schon die Sprache vermittelt die potentielle Konfliktbeladenheit der Ressource Wasser." (Grewlich 2010: 5) Genau dieses Problem der „ Wasserneider" wird immer größer in Zentralasien, da sich die Wasserknappheit signifikant zuspitzt. Die Hauptgründe hierfür sind unter anderem die Verlandung der großen Binnenseen, welche hauptsächlich auf den Menschen zurückzuführen ist, dem Versiegen von Flüssen und der Ausbreitung von Wüsten. Dabei ist es wichtig zu nennen, dass die Wasserknappheit nicht grundsätzlich immer ein Problem von tatsächlich wenig verfügbarem Wasser ist, sondern dass oft Machtverhältnisse, politische Prozesse und Institutionen die wahren Gründe dafür sind. In dieser Hinsicht wird häufig von „Wasser Governance" gesprochen. Überwiegend gilt zwar offiziell ein Wassernutzungsrecht, doch eingehalten wird es nur in den seltensten Fällen. (Grewlich 2010: 4ff) Um die Situation besser verstehen zu können, ist es wichtig zu wissen, woher die hauptsächliche Wasserversorgung Zentralasiens stammt. Die größten Flüsse Zentralasiens, der Amu Darja und der Syr Darja, entspringen im zentralasiatischen Hochgebirge, werden hauptsächlich von Schnee- und Gletscherschmelze gespeist und münden in den Aralsee. Die Wassermenge in

---

[3] Gemeinschaft Unabhängiger Staaten

beiden Flüssen ist vor allem Jahreszeitenabhängig. Zudem haben sie beide ausschließlich Zuflüsse im Oberlauf, wobei im Unterlauf nur noch Wasser durch den Mensch entnommen wird. Man unterscheidet hierbei in die Oberanliegerstaaten, zu denen Kirgistan, Tadjikistan und Afghanistan zählen, und die Unteranliegerstaaten, zu denen Usbekistan, Kasachstan und Turkmenistan zählen. Grundsätzlich wäre in der gesamten Region ausreichend Wasser vorhanden, aber aufgrund der deutlichen Reliefunterschiede verteilt es sich sehr ungleich. So wird das Aralsee-Becken zu 87 Prozent aus den Zuflüssen der Oberanliegerstaaten gespeist, wovon 83 Prozent in den Unteranliegerstaaten verbraucht werden, da sie selber so gut wie keine Reserven haben. Zu Zeiten der Sowjetunion wurde die Wasserverteilung in Zentralasien noch zentral von Moskau bestimmt, mit der Unabhängigkeit der fünf zentralasiatischen Staaten musste diese Verteilung jedoch neu definiert werden. Hierbei hat natürlich jedes Land seine eigenen Interessen. Deswegen können sich die postsowjet Republiken seit über zwanzig Jahren nicht vertraglich auf eine geregelte Wasserverteilung einigen. Grundlage der Wasserverteilung ist bis heute immer noch das im Februar 1993 abgeschlossene Abkommen über die Zusammenarbeit auf dem Gebiet des gemeinsamen Managements und Schutzes internationaler Wasserressourcen, welches besagte, dass die Wasserverteilung aus der Sowjetzeit zunächst beibehalten werden solle, bis es eine neue Regelung gäbe. Es wurden zwar einige neue Verträge abgeschlossen, allerdings wurden diese häufiger gebrochen als sie eingehalten wurden. Das Hauptproblem liegt darin, dass die Oberanliegerstaaten nahezu die vollständige Macht über die Wasserlieferung der Unteranliegerstaaten haben. Andererseits sind die Oberanliegerstaaten extrem Abhängig von den Energielieferungen der Unteranliegerstaaten. Das würde dafür sprechen, dass die beiden Seien zusammenarbeiten und sich gegenseitig mit dem benötigten Gut versorgen. Trotzdem haben die im Vergleich noch sehr jungen Staaten weiterhin keine finale Lösung für das Problem gefunden, da jeder Staat das bestmögliche für sich aus den Beziehungen herausholen will und nicht zu Abstrichen bereit ist. (Eschment 2011: 2ff)

4. Die Akteure und ihre Interessen

Zentralasien war während der Zeit der Sowjetunion eine Region, die weitestgehend von der Außenwelt abgeschnitten war. Mit der Unabhängigkeit der einzelnen Staaten kam dieser Region mehr und mehr Aufmerksamkeit zu. Dies ist mit der geostrategisch wichtigen Lage und des nun möglichen Zugangs zu den Reichtümern an Bodenschätzen zu erklären. Viele verschiedene Parteien bekunden ihr Interesse an der zentralasiatischen Region und versuchen möglichst großen Einfluss zu nehmen. Diese Parteien sind neben den Staaten Russland, USA, China und nahezu allen Staaten Europas, auch viele internationale Konzerne, welche meist ein besonderes Augenmerk auf das große Rohstoffpotential gelegt haben. Ebenso ist es auch wichtig zu erfahren, wie sich die ehemaligen Sowjetrepubliken als unabhängige Staaten entwickelt haben und inwiefern das *new great game* sie beeinflusst. Im folgenden Abschnitt werden die wichtigsten Akteure genauer dargestellt und ihre Ziele und Absichten erläutert.

4.1 Russland

Russland hat wegen der gemeinsamen Zeit der UdSSR eine bedeutende Beziehung zu den zentralasiatischen Staaten. Die russische Politik bezüglich Zentralasiens lässt sich nach dem Zerfall der Sowjetunion in mehrere Phasen einteilen. In der ersten Phase, die sich nach 1991 ereignete, zog sich Russland weitestgehend aus der Region zurück und pflegte nur sehr geringe Beziehungen zu den neu entstandenen unabhängigen Staaten. Nach 1993 in der zweiten Phase gab es wieder eine aktivere Politik Moskaus, in der Russland seine wirtschaftlichen und politischen Interessen nachhaltiger verfolgte. Ziel war es, wieder mehr Einfluss in den Nachfolgerepubliken zu erlangen und somit auch Mitsprachemöglichkeiten hinsichtlich der Energiereserven zu erreichen. Dadurch, dass die zentralasiatischen Staaten auf die Mitnutzung von russischen Öl- und Gaspipelines angewiesen waren, um ihre Rohstoffe exportieren zu können, hatte Russland ein wirksames Druckmittel gegenüber der Region. Russland verhinderte, indem es Einschränkungen für die Durchleitung von Öl und Gas durch ihre Pipelines verhängte, eine wirtschaftliche Autarkie der sowjetischen Nachfolgestaaten in Zentralasien. (Altuglu 2006: 82ff) Betrachtet man die Verbindung zwischen dem weltweit größten

Erdgasgasförderunternehmen Gazprom[4] und des russischen Staates, so fallen einige Ähnlichkeiten zu der damaligen Verbindung des britischen Imperiums und der East Indian Company im 19. Jahrhundert zur Zeit des ersten *great game* auf: „Wirtschaftliche Macht versucht, die politische Führung zur Durchsetzung von Wirtschaftsinteressen zu instrumentalisieren; umgekehrt setzt die politische Führung wirtschaftliche Macht als Instrument für die Verfolgung politischer Interessen ein." (Grewlich 2010: 13) Russland will die Monopolstellung, welche es durch die eigenen Pipelines besitzt, auf keinen Fall verlieren. Vor allem will es versuchen die Konkurrenz vom sehr lukrativen europäischen Markt fern zu halten, da dieser im Moment noch stark auf das russische Gas angewiesen ist und keine nennenswerten Alternativen hat. Russland versucht neue Pipeline Projekte zu verhindern, um weiterhin die Oberhand in der Region beim Export des Erdgases zu behalten und verfolgt das Ziel, eine eurasische Energieallianz zu schaffen, „bei der die kaspischen Öl- und Gasvorräte unter russischer Führung ausgebeutet und Exportiert werden sollen". Russland etablierte einige Militärbasen in der Region, um militärische Präsenz zu zeigen und die Öl- und Gasrouten kontrollieren zu können. (Altuglu 2006: 82ff) Zusammenfassend lässt sich feststellen, dass die Strategie Russlands darauf beruht, dass der westliche Einfluss, hauptsächlich der von USA und Europa, möglichst aus Zentralasien fern gehalten werden soll. Ein weiteres Ziel liegt darin, der aufstrebenden Macht Chinas entgegen zu wirken, wobei Russland gleichzeitig im „Kampf" gegen den Westen mit China als Partner zusammen arbeiten möchte. (Kurečic 2010: 24)

4.2 USA

Die USA sind der einzige Spieler im neuen *great game*, der als Staat weit entfernt von Zentralasien liegt. Da stellt sich die Frage, wieso die USA so ein ausgeprägtes Interesse an einer Region haben, die sich beinahe am anderen Ende der Welt befindet. Ähnlich der Motivation der anderen Akteure in Zentralasien, versuchen die USA auch einen größtmöglichen Teil der Energiereserven, welche in der Region lagern und zu Zeiten der Sowjetunion nicht zugänglich waren, für sich zu gewinnen. Denn die USA sind immer noch mit großem Abstand der größte Energieverbraucher der Welt. Durch folgendes Zitat vom ehemaligen Vizepräsident der USA unter der Bush Regierung, Dick Cheney, aus dem Jahr 1998 wird deutlich welche Tragweite

---

[4] Gazprom: Russisches Erdgasunternehmen; Russischer Staat besitzt 50% der Aktienanteile

die USA der zentralasiatischen Region beimessen: „Ich kann mich nicht daran erinnern, dass es jemals eine andere Region gegeben hat, die sich so schnell zu einer strategisch sehr bedeutenden Region entwickelt hat, als die Kaspische". (Kleveman 2004: 4) Die USA sorgt natürlich ebenfalls, dass Öl ein immer begehrteres Gut wird, da gerade in asiatischen Ländern, allen voran China, der Energiebedarf stetig steigt. Deswegen ist es auch für die USA geostrategisch von höchster Bedeutung die Kontrolle über die globalen Öl- und Gaslagerstätten zu haben, um ihren eigenen Energiebedarf zu stillen und gleichzeitig durch diese Kontrolle am Gas- und Ölhahn Europas, Japans und auch Chinas, deren Verbrauch zu kontrollieren. Außerdem sind die Energiereserven in Zentralasien für den gesamten Westen sehr wichtig, um eine Alternative zu den dominierenden OPEC-Ländern und zu Russland zu haben und somit einen dauerhaft niedrigeren Öl- und Gaspreis zu erhalten. (Altuglu 2006: 69ff) Ein weiterer Faktor, wegen dem Zentralasien eine so wichtige Region für die USA darstellt, ist die bereits erwähnte Sicherheitspolitik. Die USA versuchen die zentralasiatischen Staaten zu demokratisieren, um die Rückzugsräume von Terroristen zu verkleinern, und durch marktwirtschaftliche Entwicklungen die Ökonomie der Staaten zu stärken. Bereits 1993 wurde mit dem Programm *Partnership for Peace*, bei dem zentralasiatische Militärs zur Ausbildung nach Europa eingeladen wurden, zwischen der NATO und den zentralasiatischen Staaten eine Zusammenarbeit geschaffen. Mit diesem Programm sollte das westliche demokratische Verständnis von einer Militär- und Zivilgesellschaft vermittelt werden. Durch die Terroranschläge vom 11. September 2001 wurde deutlich, wie wichtig Zentralasien im Kampf gegen den Terrorismus ist. Die zentralasiatischen Staaten boten den USA daraufhin die Mitnutzung ihrer Militärbasen an und beziehen als Ausgleich hohe Finanzhilfen. Zentralasien bildet für die USA auch in Zukunft eine wichtige Drehscheibe um die Demokratisierung der Welt voran zu treiben und um in den Krisenregionen, wenn nötig, eingreifen zu können. (Scholvin 2010: 3) Zusammenfassend lässt sich feststellen, dass die USA weiterhin einen hohen Einfluss in Zentralasien haben möchten, um die eigene Energieversorgen sicher zu stellen, die Demokratisierung der Region und auch der ganzen Welt zu fördern und durch ihre militärische Präsenz in mögliche Krisensituationen im Nahen Osten eingreifen zu können.

4.3 Europa

Europa hat ähnlich wie die USA einen hohen Energiebedarf, wobei die eigene Förderung von Erdöl nur etwa 32 Prozent und die von Erdgas nur etwa 56 Prozent des Eigenbedarfs deckt. Die Sicherung einer reibungslosen Energie- und Rohstoffversorgung ist demnach ein sehr wichtiger Faktor für die Weiterentwicklung der europäischen Wirtschaft. (Rempel et al. 2007: 434) Es ist damit zu rechnen, dass die europäischen Energiereserven, allen voran die Nordseereserven, in naher Zukunft zur Neige gehen. Da dann die Abhängigkeit von Russland und der arabisch-islamischen Welt immer weiter steigen würde, sucht Europa seit längerer Zeit nach Alternativen für den Import von Energierohstoffen. Eine Möglichkeit stellt der zentralasiatische Raum dar, weil die Region einen geringen Eigenbedarf aber ein beachtliches Exportpotential hat und die umliegenden Regionen, Russland im Norden und der arabisch-islamische Raum im Süden, wenn überhaupt nur wenig Importbedarf haben. Bislang gibt es jedoch noch keine einheitliche europäische Wirtschafts-Politik gegenüber der Region. Nur Frankreich und Großbritannien sind durch Energiekonzerne in Zentralasien vertreten. Dass Europa bis jetzt so wenig wirtschaftlichen Einfluss in der Region genommen hat, ist trotz der relativ weiten Entfernung unverständlich, da die ehemaligen Sowjetrepubliken durch die OSZE[5], den Europarat und der „Partnerschaft für den Frieden" enger mit Europa, als mit den USA oder auch China verbunden sind. Abgesehen vom Interesse Europas an den Energiereserven Zentralasiens, könnte die Region für Europa eine strategische Brücke zum indischen Subkontinent und China bieten, um auch dort ihre wirtschaftlichen Interessen durchzusetzen. (Altuglu 2006: 88ff) Da auch Europa mit terroristischen Anschlägen bedroht wird, ist es ebenfalls wie die USA daran interessiert, die zentralasiatischen Rückzugsräume für Terroristen zu minimieren und demokratische Entwicklungen zu fördern. Insgesamt soll vor diesen Hintergründen eine engere Zusammenarbeit ermöglicht werden.

4.4 China

China ist das wirtschaftlich am schnellsten wachsende und mittlerweile bevölkerungsreichste Land der Erde. Chinas Wirtschaft „boomt" im wahrsten Sinne und die Energienachfrage steigt stetig. So ist es mehr als plausibel, dass der Staat sich für die Energiereserven Zentralasiens stark interessiert, um die eigene

---

Nachfrage besser stillen zu können. Da die USA aus der ölreichsten Region der Erde, der Golfregion, als Hauptabnehmer am meisten Erdöl importiert, ist China auf die Energieimporte aus Zentralasien angewiesen, wenn es seine Wirtschaft weiterhin vorantreiben will. (Altuglu 2006: 75ff) Bereits 1993 unterschrieb China mit Kasachstan einen Vertrag über eine 3000 Kilometer lange Pipeline zwischen Fördergebieten in Kasachstan und Xinxiang in China. Neben dem wirtschaftlichen Aspekt, wollte China dadurch auch politisch mehr Einfluss in Zentralasien gewinnen. Da China direkt an die zentralasiatische Region angrenzt, ist es unabhängig von den USA oder auch Russland hinsichtlich der Energietransporte. China ist sehr darauf bedacht, den zentralasiatischen Ländern möglichst viel Unterstützung im Bau von neuer Infrastruktur und im Speziellen von Pipelines zu leisten, damit sie im Gegenzug Rohstofflieferung erhalten. China ist sich bewusst, dass die zentralasiatischen Energiereserven nicht ausreichen, um die Belange von USA, Europa, Russland und ihnen selber zu befriedigen, deswegen wird China Zentralasien auch weiterhin wirtschaftlich unterstützen, um einen Vorteil gegenüber den Konkurrenten zu erlangen. (Kurečic 2010: 41ff)

4.5   Zentralasiatische Staaten

Mit dem Ende der Sowjetunion entwuchsen in Zentralasien plötzlich fünf neue souveräne Staaten, durch die viele Grenzen neu gezeichnet wurden. Die postsowjet Republiken haben heute noch mit Problemen dieser Neuaufteilung zu kämpfen und es gibt viele Probleme im eigenen Land. Aus diesem Grund sind die zentralasiatischen Staaten, obwohl das Spielfeld des *new great game* ihre eigene Region darstellt, eher nur kleine „Spieler" oder stellen teilweise sogar nur „Spielfiguren" der Großmächte dar. Zentralasien ist auf die Hilfe der „großen Spieler" angewiesen, um die Region zu stabilisieren und sich wirtschaftlich zu entwickeln. Oft ist die Zusammenarbeit jedoch von Hindernissen geprägt, denn die zentralasiatischen Staaten müssen abwägen, wie eng sie mit welchem Interessenten zusammen arbeiten können, ohne die anderen Parteien gegen sich aufzubringen. In dieser Hinsicht spielt auch heutzutage noch die Verteilung in Ost (Russland und China) und West (USA und Europa) eine entscheidende Bedeutung. Auch zwischen den zentralasiatischen Staaten gibt es immer wieder Konflikte. Als Beispiel wurde schon die Wasserversorgung genannt, bei der sich die Staaten seit über 20 Jahren nicht einigen können. Ein anderes Beispiel ist die ungeklärte Frage, wem die Rohstoffe gehören, die unter dem kaspischen Meer liegen. Auch hier kommt es immer wieder zu heftigen Auseinandersetzungen. Dennoch gibt es ein durch die enormen Rohstoffvorkommen unglaubliches Potential für Zentralasien, sich wirtschaftlich aus eigener Kraft zu entwickeln und damit unabhängig zu werden. Außerdem wird es mit zunehmendem Wohlstand durch die Einnahmen aus den Öl- und Gasexporten einfacher Demokratien in Staaten zu bilden. Zusammenfassend lässt sich sagen, dass die zentralasiatischen Staaten viele Probleme sowohl innerhalb ihrer Länder als auch zwischen einander haben und um diese zu lösen auf die Hilfe der „großen Spieler" angewiesen sind, jedoch möglichst ohne sich einer Seite zu sehr zuzuwenden. (Kurečic 2010)

4.6 Andere beteiligte Akteure

Neben den „großen Spielern" USA, Europa, Russland und China gibt es auch noch einige „kleine Spieler" die im *new great game* Rollen einnehmen. Dabei sind vor allem die Türkei, der Iran, Saudi-Arabien, Afghanistan, Indien und Pakistan zu nennen. Sie alle versuchen entweder auch von den Rohstoffvorkommen Zentralasiens zu profitieren, für ihre ethnischen und politischen Grundsätze in Zentralasien Befürworter zu finden oder aber in einer anderen Weise, zum Beispiel durch den Bau von einer Pipeline durch ihr Land zu profitieren. Sie alle sind aber vergleichsweise kleine Parteien im „großen Spiel" der Anderen. (Scholvin 2010: 5ff)

5. Fazit

Zusammenfassend lässt sich feststellen, dass sich Zentralasien, hinsichtlich wirtschaftlicher, geo- und sicherheitspolitischer Aspekte, spätestens seit dem Zerfall der Sowjetunion zu einer der wichtigsten Regionen der Welt entwickelt hat. Das Gebiet ist aufgrund seiner enormen Rohstoffvorkommen besonders als Alternative zu den OPEC-Staaten in den Fokus der „großen Spieler" USA, Europa, Russland und China gerückt. Zentralasien hat zudem sicherheitspolitisch für viele vom Terror betroffenen Staaten stark an Relevanz gewonnen. Besonders der Westen hat es sich zum Ziel gemacht, die meist totalitären Systeme Zentralasiens auflösen und die aus dieser Region drohenden Gefahren damit zu verringern. Zudem wurde Zentralasien auch geostrategisch zu einem wichtigen Faktor, da es die direkte Nähe zu den Krisengebieten im Nahen Osten bietet, wodurch sich Interventionen besser planen und durchführen lassen. Deswegen betreiben sowohl Russland, als auch die USA Militärbasen in dem Gebiet, um noch präsenter in der Region zu sein.

Die zentralasiatischen Staaten haben aufgrund der hohen Rohstoffvorkommen die Chance sich wirtschaftlich enorm zu entwickeln. Jedoch gibt es immer wieder Probleme, vor allem mit dem Transport von Erdöl und Erdgas, die dem Erfolg entgegen wirken. Wie schon beschrieben, ist Zentralasien eine *landlocked* Region, ohne Zugang zu einem großen Meer oder Flüssen, welche in ein großes Meer münden, sodass für den Transport lange kostenintensive Pipelines zu den Verbrauchern gebaut werden müssen oder schon vorhandene Pipelines, welche sich jedoch im Besitz von anderen Ländern (vor allem Russland) befinden und somit von diesen kontrolliert werden, genutzt werden müssen. Die „großen Spieler" Russland, USA, Europa und China versuchen größtmögliches Kapital aus den Rohstoffvorkommen Zentralasiens zu ziehen. Dabei unterstützen sie oft die Staaten, indem sie die Infrastruktur aufwerten oder zunächst wirtschaftliche Hilfe leisten. Trotzdem ist es oft ein sehr hartes „Spiel" für die zentralasiatischen Staaten, denn sie sind einerseits auf die Hilfen der „großen Spieler" angewiesen, dürfen aber anderseits keinen der „Spieler" bevorzugen, um sich nicht den Unmut der anderen zu zuziehen.

Auch unter den Zentralasiatischen Staaten kommt es immer wieder zu Konflikten. Dies hat unter anderem mit den Grenzen zwischen den einzelnen Staaten, welche nach dem Kollaps der Sowjetunion teilweise beliebig gezogen wurden, mit der größtenteils unklaren Rohstoffzugehörigkeit unter dem kaspischen Meer oder auch mit der ungleichen Verteilung von Rohstoffen (Erdöl, Erdgas und Wasser) in der Region zu tun.

Die Frage, ob das „neue große Spiel" eine Chance oder eher ein Risiko für Zentralasien birgt, lässt sich nicht vollends beantworten. Es bietet unbestrittene Vorteile für die Region, jedoch bringt es auch viele Probleme und Konfliktpotential mit sich, denen die vergleichsweise jungen Staaten noch nicht gewachsen sind. Wer die wahren Gewinner und Verlierer des „neuen großen Spiels" sein werden, wird sich vermutlich in naher Zukunft herausstellen. Die Wahrscheinlichkeit, dass die zentralasiatischen Staaten selbst als Gewinner aus dem *new great game* hervorgehen, ist gering, da die sie im Vergleich mit den großen Gegnern weniger gut entwickelt sind und stark mit internen beziehungsweise zwischenstaatlichen Problemen der zentralasiatischen Region zu kämpfen haben. Auch wenn die großen Akteure den einzelnen Staaten Hilfe bieten, haben ihre Handlungen egoistische Motive, die langfristig das eigene Wohl und nicht das der zentralasiatischen Staaten sichern werden.

6. Literatur

Abilov, S., 2012. The "New Great Game" Over the Caspian Region: Russia, the USA, and China in the Same Melting Pot. Khazar Journal of Humanities and Social Sciences 15(2) 29-60

Altuglu, M., 2006. The New Great Game. Energiepolitik im kaspischen Raum. Bouvier, Bonn

Edwards. M., 2003. The New Great Game and the new great gamers: disciples of Kipling and Mackinder. Central Asian Survey 22(1) 83-102

Eschment. B., 2011. Wasserverteilung in Zentralasien. Ein unlösbares Problem?. Zentralasien, Russland und die EU: Ein Konzept für den Dialog zu Wasser- und Energiefragen., June 28, 2010, Berlin, Germany

Grewlich, K.W., 2010. Pipelines, Drogen, Kampf ums Wasser - greift die EU-Zentralasien Strategie? Neues „Great Game" von Afghanistan bis zum Kaspischen Meer?. Zentrum für Europäische Integrationsforschung, Bonn

Kreutzmann, H., 2002. Great Game in Zentralasien – eine neue Runde im „Großen Spiel"?. Geographische Rundschau 54 (7-8), 47-51

Kurecic, P., 2010. The New Great Game: Rivalry of Geostrategies and Geoeconomies in Central Asia. HRVATSKI GEOGRAFSKI GLASNIK 72 (1), 21-48

Rempel, H., Schmidt, S., Schwarz-Schampera, U., Röhling, S., Brinkmann, K., 2007. Die Rohstoffe Zentralasiens. Vorkommen und Versorgungspotential für Europa. OSTEUROPA, 57. Jg., 8-9/2007, 433-448

Scholvin. S., 2009. Ein neues Great Game um Zentralasien?. In: GIGA-focus. German Institute of Global and Area Studies. Hamburg.

Westphal, K., 2007. Energieressourcen. Markt und Macht in Zentralasien. OSTEUROPA, 57. Jg., 8-9/2007, 463-478